AF468586

LES

THÉORIES DU SOMMEIL

PAR

FRANCISQUE BOST

DOCTEUR ÈS SCIENCES, DOCTEUR EN PHARMACIE

Ex-Préparateur de Pharmacologie à la Faculté de Médecine de Lyon

Lauréat de la Société des Pharmaciens du Rhône

Lauréat de la Faculté de Médecine et de Pharmacie

Ex-Inspecteur des Pharmacies, Pharmacien de 1re Classe

PARIS

A. MALOINE, ÉDITEUR

25-27, Rue de l'École-de-Médecine, 25-27

1913

8° Tb 60 55

LES

THÉORIES DU SOMMEIL

TRAVAUX DU MÊME AUTEUR

Étude de quelques médicaments nouveaux à inscrire au futur Codex. Mémoire couronné par la *Société de Pharmacie.*

Étude sur la casse et la tourne des vins.

Préparation de l'albuminate double d'iodoforme et de thymol.

Toxicologie de l'ozone. Thèse présentée à la *Faculté de Médecine et de Pharmacie de Lyon.*

La constipation chez l'enfant.

De l'influence du sexe sur la coagulation du sang chez le chien. Comptes rendus de l'*Académie des Sciences.* Paris, juillet 1910.

Des bouillies cupriques mouillantes et adhérentes.

De l'influence des corps jaunes sur la coagulation du sang, chez le chien, malgré l'injection d'une substance anticoagulante (Extrait de gui). Thèse présentée à la *Faculté des Sciences de Lyon.*

LES
THÉORIES DU SOMMEIL

RF

PAR

FRANCISQUE BOST

DOCTEUR ÈS SCIENCES, DOCTEUR EN PHARMACIE

Ex-Préparateur de Pharmacologie à la Faculté de Médecine de Lyon
Lauréat de la Société des Pharmaciens du Rhône
Lauréat de la Faculté de Médecine et de Pharmacie
Ex-Inspecteur des Pharmacies, Pharmacien de 1re Classe

PARIS
A. MALOINE, ÉDITEUR
25-27, Rue de l'École-de-Médecine, 25-27

1913

7

AVANT-PROPOS

Parmi les quelques lecteurs sous les yeux de qui tomberont ces pages, certains souriront peut-être aux premiers mots : « *Les Théories du Sommeil* : quelle fadaise ! Et à quoi cela sert-il pour dormir ? A moins que l'auteur ne mette ses théories en bouteilles et ne les débite comme un narcotique d'une souveraine efficacité. Il faut le renvoyer à La Fontaine :

On ne dort pas quand on a tant d'esprit. »

— C'est vrai. Ceux qui cherchent et qui travaillent, des plus modestes aux plus érudits, ont sous la lampe de longues veilles, parfois sans une tangible utilité. C'est le cas de bien des recherches spéculatives. Mais outre qu'ils ne font aucun tort à la société, et qu'ils lui enseignent au contraire le plus sûr remède contre cette espèce d'affaiblissement moral qui est la maladie de la génération actuelle, ils goûtent dans l'étude des joies intimes que ne connaîtront jamais les existences désœuvrées ou mercantiles des railleurs de l'humble savant. — « Avec elle, écrivait Augustin Thierry « au terme de sa carrière, avec elle on traverse les mau- « vais jours sans en sentir le poids ; on se fait à soi-même « sa destinée ; on use noblement sa vie. Voilà ce que j'ai

« fait et ce que je ferais encore si j'avais à recommencer. « Aveugle et souffrant, sans espoir, et presque sans « relâche, je puis rendre ce témoignage qui, de ma part, « ne sera pas suspect : il y a au monde quelque chose qui « vaut mieux que les jouissances matérielles, mieux que la « fortune, mieux que la santé elle-même : c'est le dévoue- « ment à la science. »

Certes, ce serait une étrange présomption de notre part de nous apparier à l'illustre historien qui déchiffra, dans un obscur passé, les lointaines époques mérovingiennes ; mais ces hautes paroles ne sont-elles pas un enseignement? Dira-t-on de la rivalité de Brunehaut et de Frédégonde que ces « histoires de femmes » importent peu à la vie contemporaine ? Encore faudrait-il s'entendre sur cette *utilité* que notre utilitarisme a toujours à la bouche ! On cite perpétuellement, — et sans le comprendre, — le mot profond de Brunetière : *la faillite de la science*, comme si ce courageux penseur, prenant pour lui le paradoxe de J.-J. Rousseau, eût voulu dire par là que la science n'apporte rien à l'humanité. Il admirait au contraire ses rapides progrès, ses applications étonnantes, et les commodités dont elle nous dote quotidiennement ; mais il voyait aussi qu'elle a beau multiplier ses merveilles et répandre à pleines mains ses bienfaits : jamais elle ne résoudra le problème de notre destinée, jamais elle ne donnera la formule de notre vie morale, jamais elle ne découvrira l'effrayant mystère de l'au delà. Et tel est l'échec et la faillite d'un ambitieux orgueil que les Pascal, les Newton, les Pasteur n'ont jamais eu, parce qu'ils savaient la mesure de leur domaine, et que les limites de la science sont assez vastes pour s'y enfermer sans déchoir.

Restons-y donc, et ne lui demandons que les secrets qu'elle peut découvrir. Sans doute, il en est dont l'objet immédiat nous échappe et qui semblent n'intéresser que notre curiosité. Mais qui fera jamais le départ entre la spéculation et la pratique ? Qui bornera ses recherches, *a priori* ? Et s'il n'apparaît pas d'abord en quoi l'explication du sommeil puisse importer à notre hygiène, qui nierait que la connaissance d'un phénomène réside dans celle de sa cause ? Et quand une cause est connue, qui dira où s'arrêtent ses résultats ?

Lorsque Pasteur étudiait la génération spontanée, il ne prévoyait guère ce qui allait sortir de sa découverte des ferments. Pourtant, c'est sa mince éprouvette qui a révolutionné la médecine et la chirurgie ; c'est son grain de raisin stérilisé qui a appris à pratiquer des opérations jadis mortelles, en toute sécurité. — Dirons-nous quels torrents de force et de lumière ont jailli à travers le monde de la petite pile de Volta, vrai jouet de laboratoire ?

Cherchons donc : c'est le propre de l'homme. L'enfant bégaie à peine qu'il demande le *pourquoi* des choses. Heureux, dit le poète, qui peut ici-bas les pénétrer ! car c'est la plus pure et la plus profonde des jouissances. — « Le savoir « acquis dans les livres, écrivait hier un grand physicien, « ne vaut pas la peine qu'il coûte ; mais la moindre vérité « découverte par son propre travail est préférable à des « monceaux de vérités enseignées. » Cherchons donc, et tâchons de trouver chacun notre petite part de vérité, non seulement pour nous-mêmes, mais pour le profit général des hommes. La science appelle tous les concours ; elle sollicite toutes les bonnes volontés depuis l'apprenti jusqu'au maître. Répondons-lui, et nous ferons ainsi une œuvre belle et bonne, sereine et détachée, pacifique et fraternelle, la seule qui réunisse l'humanité en une commune patrie : la patrie du travail.

LES THÉORIES DU SOMMEIL

Le sommeil, ce repos causé par l'assoupissement des sens, a de tout temps retenu l'attention du monde savant.

La question du sommeil est simple : elle comporte un *pourquoi* et un *comment*.

Pour le *pourquoi*, il n'est pas nécessaire de recourir, comme l'a fait M. Claparède, à la métaphysique finaliste, et de supposer que le sommeil est un instinct de défense obéissant à la loi de l'intérêt momentané et ayant une valeur positive.

Le *pourquoi* du sommeil se trouve dans ce principe enseigné déjà du temps de Pythagore, à savoir que les êtres vivants sont dans une dépendance étroite du milieu dans lequel ils vivent.

Les changements cosmiques périodiques, comme le jour et la nuit, entraînent la périodicité de la veille, de l'activité, puis du repos et de l'inaction.

Les saisons viennent ajouter aux influences cosmiques quotidiennes, leur propre influence.

Si, à l'approche de l'hiver, le sommeil quotidien des

2

marmottes se prolonge de plus en plus, il en est de même de la durée des nuits ; et, finalement, dans le terrier, c'est la nuit continue et le sommeil par période de trois à quatre semaines, séparée par de courts réveils, coïncidant, d'après les chasseurs de marmottes, avec la nouvelle lune.

Le sommeil quotidien, comme le sommeil normal, sont des phénomènes d'accoutumance, d'adaptation au milieu ; et cela est si vrai pour la marmotte qu'elle cesse d'hiverner en état de domestication.

Dans le sommeil hibernal, la marmotte se réveille pour rejeter les produits, non de son alimentation puisqu'elle ne mange pas, mais de sa désassimilation : acide carbonique, fèces, urines : et c'est leur accumulation qui provoque les réflexes entraînant le réveil : accélération de la respiration, de la circulation, réchauffement, destruction du glycogène fabriqué et accumulé dans le foie pendant le sommeil.

Pour le *comment*, de nombreuses théories ont été émises ; nous allons les passer en revue en distinguant la période ancienne et la période moderne et en subdivisant celle-ci en théories partielles et en théories générales.

PÉRIODE ANCIENNE

Pour les anciens le sommeil était dû au retrait du sang dans les veines.

Au moyen âge la question n'était guère plus avancée, et on admettait un resserrement de l'aorte rejetant le sang dans la tête et comprimant le cerveau.

Inutile d'ajouter qu'aucun fait expérimental n'était apporté à l'appui de ces conceptions toutes théoriques.

PÉRIODE MODERNE

Diverses théories ont été émises, les unes partielles, les autres générales.

Nous allons les énumérer.

THÉORIES PARTIELLES

1° *État de la circulation cérébrale.*

Beaucoup ont cherché dans l'état de la circulation cérébrale (sans pousser plus loin les investigations) la cause efficiente du sommeil ; et ils l'ont expliquée par deux théories, en parfaite opposition l'une avec l'autre : celle de *l'anémie* cérébrale et celle de *la congestion* cérébrale.

La première a été plus en faveur ; le cerveau est en effet plus souvent anémié que congestionné pendant le sommeil.

2° *Théories nerveuses.*

Il existerait, suivant Lepin et Duval, une suppression des communications nerveuses par l'améboïsme des neurones. Pendant le sommeil, les dendrines ne seraient plus en communication.

3° *Théorie d'un centre du sommeil.*

Cette conception se fonde sur des autopsies faites chez certains individus qui avaient présenté, au cours de leur maladie, une tendance prononcée à l'hypnose, et dont certaine région de l'encéphale était enflammée.

Forel plaçait ce centre du sommeil au niveau du plancher du quatrième ventricule.

Pour Gayet et Dubois, ce centre serait situé dans le plancher du troisième ventricule. Ceci basé, pour Gayet, sur les lésions de cette région du cerveau chez les personnes atteintes de la maladie du sommeil ; car ce serait là en particulier qu'on aurait toujours trouvé de l'inflammation dans les cas de cette curieuse maladie.

Pour Dubois, d'après ses recherches sur la marmotte.

4° *Théorie d'un centre de veille.*

Suivant Bérillon et quelques autres, il existerait un centre de veille situé dans le troisième ventricule et qui se trouverait être inhibé pendant le sommeil.

THÉORIES COMPLÈTES

1° *Théories humorales.*

Comme type des théories humorales, nous citerons celles qui attribuent le sommeil aux sécrétions internes de deux glandes à fonctions complexes encore peu connues : la glande thyroïde et l'hypophyse.

Lorand a surtout défendu le rôle de la thyroïde et admet que son hypersécrétion empêcherait le sommeil.

Il fonde sa théorie sur ce fait que les individus, chez lesquels la glande thyroïde est dégénérée (crétins), sont en proie à des somnolences presque continues ; de plus, que les injections d'extrait thyroïde produisent au contraire des insomnies marquées.

Pour Salmon, ce serait l'hypophyse dont la sécrétion provoquerait le sommeil.

Il est à remarquer que dans la maladie du sommeil la glande hypophyse est généralement hypertrophiée.

2° *Théorie physique.*

Déshydratation du sang et de la lymphe. — Devaux a attribué le sommeil à la déshydratation de la lymphe. Par suite de l'activité des organes et des déchets accumulés dus au fonctionnement de ceux-ci, il se produirait une déshydratation de la cellule nerveuse et, par suite, serait expliqué le retrait des dendrines.

Tous les médecins savent, en effet, que ce n'est qu'au moment où les sujets débilités s'endorment, particulièrement les phtisiques, que les sueurs profuses apparaissent et que la déshydratation commence.

Toutefois la théorie du sommeil dite « *osmotique* », que Devaux a déduite de ses observations et de celles de Raphaël Dubois, est incomplète et beaucoup trop exclusive.

3° *Théories toxiques.*

a) *Acide lactique.* — Pour Preyer, le sommeil serait dû à une accumulation d'acide lactique.

Il constata que les injections d'acide lactique pouvaient donner une certaine somnolence chez les sujets soumis à ces injections ; mais il se hâte d'ajouter que, pour que cette action se manifeste, il faut l'obscurité, le calme et le silence.

Or ces conditions suffisent souvent, à elles seules, surtout chez les animaux tels que le chien, à amener le sommeil.

b) *Cholestérine.* — Pour Brissemoret et Joanin, le sommeil serait dû à une accumulation de cholestérine.

Ils basent leur théorie sur des injections de cholestérine à des cobayes ; et auraient fait, disent-ils, plus de 400 expériences.

Ils retiraient leur cholestérine, soit des calculs biliaires, soit de l'œuf, soit du cerveau de cheval, soit d'un mélange de cerveaux de différents animaux.

Remarquons d'abord que les expériences faites sur le cobaye étaient mauvaises, car l'animal se prête mal à l'observation s'il dort.

R. Dubois a repris ces travaux sur des chiens, animaux physiologiques par excellence, avec lesquels nous sommes en contact journalier, et dont les états psychiques sont, par conséquent, faciles à interpréter.

La cholestérine était extraite des calculs biliaires, dissoute dans l'huile et poussée en injections intrapéritonéales.

Jamais il n'a été permis de constater de phénomènes de somnolence ; mais les animaux injectés ont présenté un ensemble de troubles : troubles moteurs, troubles de l'équilibre, troubles digestifs ; en somme, une fatigue musculaire intense, mais de sommeil : point.

Ajoutons encore que Müller, qui fit autrefois, chez des chiens, des injections intra-veineuses répétées de cholestérine, vit ces animaux succomber dans le coma, après avoir présenté, pendant plusieurs jours, dit-il, l'aspect et l'allure d'animaux fatigués.

Mais nulle part, il ne parle de somnolence.

Ne sont-ce pas là des faits qui viennent en faveur de ce que nous avançons ?

La fatigue, la paresse musculaire semblent bien être, en effet, la principale caractéristique des animaux cholestérinisés.

Dans certains cas, peut-être peuvent-elles en imposer, et faire penser à de la somnolence si l'on s'en tient à un examen superficiel ; et ceci surtout chez des animaux relativement inférieurs comme les cobayes où les réactions ne sont pas très vives, où les états psychiques sont difficilement interprétables.

Mais il suffit d'un examen plus attentif pour s'apercevoir qu'il n'y a de somnolence dans aucun cas.

Ce terme de *somnolence* est, d'ailleurs, malheureux et dangereux.

Que dire, en effet, d'un agent somnifère qui ne procurerait que de la somnolence ?

Tout ce qu'on pourrait admettre (et MM. Brissemoret et Joanin l'ont écrit d'ailleurs) c'est qu'il aurait seulement une certaine action somnifère.

Comment alors vouloir construire une théorie du sommeil sur des bases aussi fragiles, et cela surtout lorsque la production de cholestérine chez un homme de poids moyen atteint par jour 1 gramme au plus, alors que chez les chiens ayant reçu 1 gramme de cholestérine par kilogramme de poids vif, aucun phénomène de somnolence (à plus forte raison de sommeil) ne peut être constaté ?

Mais si la cholestérine n'a aucune propriété somnifère propre, elle joue par contre un rôle important dans les variations de la nutrition qui accompagnent les états de veille et de sommeil.

On sait en effet que, pendant le sommeil hibernal de la marmotte, la combustion incomplète des graisses est l'un des facteurs les plus importants de la production de l'acide carbonique.

Or, de cette combustion incomplète, naissent précisément des éthers de la cholestérine, *les lanolines*, qui

BIBLIOTHÈQUE NATIONALE BF

vont s'accumuler en grande quantité dans le foie de la marmotte endormie.

La production des lanolines est donc concomitante avec les phénomènes de sommeil ; mais, nous le répétons, la cholestérine elle-même n'a pas de propriété somnifère propre.

Enfin les lanolines injectées directement se comportent de la même façon.

A ce sujet, permettons-nous de rappeler la note si claire parue dans les comptes rendus de l'Association française pour l'avancement des sciences, due à notre collègue de laboratoire M. Marchand : « *Sur les propriétés pharmacodynamiques de la cholestérine.* » (Congrès de Nîmes, 1912).

N. S. — En lisant attentivement les travaux de MM. Brissemoret et Joanin, il semble que ces Messieurs voudraient faire des lanolines un produit pharmaceutique de composition peu précise.

Nous ne pouvons que nous étonner de cette opinion, car tout le monde sait que les lanolines sont des éthers de la cholestérine.

Index bibl. Brissemoret et Joanin : « *Sur l'action narcotique des carbures alicycliques et sur les propriétés somnifères de la cholestérine* » (Comptes rendus de la *Société de Biologie*, 16 décembre 1911). — M. Marchand : « *Cholestérine et Sommeil* » (Comptes rendus de la *Société de Biologie*, 31 mai 1912). — Brissemoret et Joanin : « *Sur les propriétés pharmacodynamiques de la cholestérine* » (Comptes rendus de la *Société de Biologie*, 31 mai 1912).

c) *Leucomaïnes*. — Pour Errera, ce seraient des alcaloïdes animaux découverts par Armand Gautier, et qu'on nomme des *leucomaïnes*, qui seraient la cause du sommeil.

Elles agiraient comme le font certains alcaloïdes végétaux somnifères, la morphine par exemple, qui suspendent momentanément l'activité des cellules nerveuses supérieures.

Étant donnée la faible quantité de ces leucomaïnes, Errera admet cette action locale directe sur les neurones, avec fixation. Fait reconnu d'ailleurs exact pour les alcaloïdes végétaux.

Là, ces leucomaïnes seraient peu à peu oxydées ; et lorsque l'oxydation serait complète, il y aurait réveil, la production de nouvelles leucomaïnes étant pour ainsi dire nulle pendant le sommeil.

Pour admettre cette théorie assez séduisante au premier abord il faudrait :

1° Pouvoir retrouver les leucomaïnes dans les cellules cérébrales.

2° Prouver que les leucomaïnes ne se fabriquent plus pendant le sommeil.

d) *Urotoxines de Bouchard*. — Bouchard, en recueillant chez les chiens l'urine du matin et l'urine du soir, c'est-à-dire celle fabriquée pendant la nuit et celle fabriquée pendant le jour, a trouvé ces deux urines toxiques.

L'injection pratiquée dans la veine auriculaire d'un lapin amènerait plus ou moins rapidement la mort de l'animal.

Mais les manifestations ne sont pas les mêmes.

L'urine du matin est convulsivante, celle du soir narcotique : de plus, on a remarqué de l'urémie (accumulation dans le sang de déchets urinaires), qu'accompagnait toujours un état comateux.

Dans ces conditions, voici comment Bouchard croyait pouvoir expliquer les alternatives de veille et de sommeil :

Pendant toute la durée du jour, l'organisme fabrique des substances à effet narcotique, qu'on retrouve dans l'urine du soir ; quand ces substances se sont accumulées et quand elles sont suffisantes, il y a sommeil.

Pendant la nuit, l'organisme fabrique des substances convulsivantes, qu'on retrouve dans l'urine du matin ; quand ces substances sont en quantité suffisante elles produisent le réveil.

e) *Hypnotoxines de Pierron et Legendre.* — C'est encore une variété de la théorie de Bouchard.

Pierron et Legendre admettent que le sommeil serait dû à une hypnotoxine agissant sur les centres nerveux : particulièrement dans les régions probablement pariétales des hémisphères.

Cette théorie ayant fait beaucoup parler d'elle, nous l'exposerons dans quelques détails.

Tout d'abord, ces auteurs ont employé un moyen au moins original pour étudier le sommeil, et qui consiste à faire veiller le plus possible des animaux.

Ils ont voulu les mettre, comme ils le disent : « *en état de besoin impérieux de sommeil.* »

Leur méthode est assez barbare comme on peut en juger :

Elle consiste à attacher le chien, pendant la journée, assez court pour qu'il ne puisse pas se coucher, de façon que, s'il a tendance à céder au sommeil, le collier, tirant sur le cou et provoquant un commencement de strangulation, le fasse aussitôt sursauter. Puis à le promener constamment durant toute la nuit.

Ils ont ainsi maintenu un certain nombre de chiens de 150 à 293 heures sans dormir.

Ces malheureux animaux étaient absolument écrasés de sommeil, et s'endormaient aussitôt qu'on les détachait ou qu'on cessait de les promener.

On peut déjà faire une critique à la méthode : peut-on comparer au sommeil normal cet état d'éreintement absolu qu'on a pu malheureusement constater quelquefois dans des troupes en marche, et dont le général Bruneau (alors lieutenant) a fait un tableau saisissant, à propos d'une marche presque continue du 23 novembre au 7 décembre 1870 (région d'Orléans) ?

Quoi qu'il en soit, quand ils ont rendu un chien ainsi insomnique, ils le sacrifient, recueillent son sang et, après avoir attendu la sortie du sérum, injectent ce dernier à des animaux normaux.

Leurs injections ont été de deux sortes :

1° Injection vasculaire.

2° Injection dans le canal rachidien.

Il est à remarquer que les injections vasculaires ne donnent rien en général, et que les injections rachidiennes ne donnent quelque chose que pratiquées dans la région du 4ᵉ ventricule.

J'ai lu attentivement le récit des résultats obtenus par Pierron et Legendre, soit avec du sérum d'insomnique, soit comparativement avec du sérum d'animal normal : mais, bien qu'ils s'efforcent d'en conclure que seule l'injection faite avec le premier provoque chez l'animal injecté des faits de somnolence, et que l'effet est nul avec le second, je n'ai pu me faire aucune conviction : Ils sacrifiaient trop vite l'animal en expérience, ce qui semble montrer que l'animal allait mal. De plus, pas de différences bien nettes dans les deux catégories de résultats.

Donc, résultats peu probants puisque l'injection ne fait rien, si on injecte dans la circulation générale, et qu'il faut absolument injecter, pour avoir un effet hypnotiqne, dans le liquide céphalo-rachidien, et encore injecter dans le 4e ventricule.

Or, quand on fait une injection dans cette région, on peut exciter le centre de Dubois et provoquer le sommeil.

Enfin ils prétendent avoir trouvé des altérations des cellules nerveuses dans la région frontale et cérébrale ; ils admettent donc que le cortex cérébral intervient dans les phénomènes du sommeil.

Or Goltz a montré qu'un chien à qui on a enlevé le cortex cérébral présente néanmoins des alternatives de veille et de sommeil.

Dubois a montré également que, chez les marmottes, on peut extirper les hémisphères cérébraux, et que ces dernières présentent toujours des périodes de veille et de sommeil.

Du reste qu'il nous suffise de reproduire les conclusions d'un travail de M. le Professeur Dubois, encore à l'impression.

1° Les expériences de MM. Pierron et Legendre peuvent servir de démonstration pour la physiologie de l'insomnie d'ordre expérimental, à la condition toutefois de prouver que les animaux en expérience sont bien restés jusqu'à 240 heures consécutives en état d'insomnie continue.

Cette preuve n'a pas été fournie, et tout le monde sait que bêtes et gens peuvent dormir assis, debout, même en marchant.

2° En tout cas il n'est pas admissible, comme l'ont prétendu MM. Pierron et Legendre, que des animaux tourmentés nuit et jour ne soient pas fatigués.

Ce ne sont pas là des conditions physiologiques : ils ont opéré sur des animaux anormaux, peut-être empoisonnés par des substances ponogènes pathologiques, résultant du surmenage.

3° On ne voit rien de comparable à l'effet d'un véritable narcotique chez les animaux ayant reçu en injection le sérum des chiens soumis au prétendu « *besoin impératif de sommeil* ».

Chez les chiens ayant reçu des injections diverses du principe prétendu somnifère, on n'a jamais observé de sommeil profond, mais seulement un peu de somnolence, avec diminution de la sensibilité et de l'excitabilité.

De tels phénomènes s'observent souvent, après les opérations, chez certains chiens normaux et ils n'ont aucune valeur comparative.

4° Alors même qu'il y aurait dans le sang des

chiens surmenés un principe ponogène, cela ne prouverait pas que c'est celui du sommeil normal.

5° Ils n'ont isolé aucune toxine ; et une propriété qui disparaît à 60° ne suffit pas à prouver l'existence d'une toxine albuminoïde.

6° La formation d'une toxine entraînerait la formation d'une antitoxine, et celle-ci devrait prédominer chez le chien maintenu éveillé.

Alors, pourquoi la somnolence à la suite d'injections de sérum de chiens maintenus éveillés par la violence? C'est le contraire qui devrait se produire.

7° S'il n'y a qu'une toxine et pas d'antitoxine, l'animal qui s'endort normalement, ayant atteint le degré somnifère, devrait se réveiller l'instant d'après, puisque, dans la théorie des toxines, celles-ci cessent de se produire, se détruisent ou s'éliminent pendant le sommeil pour amener le réveil.

8° Les expériences de MM. Pierron et Legendre n'expliquent pas le réveil.

9° Les lésions, ou plutôt les altérations, constatées dans les préparations histologiques des circonvolutions cérébrales, ne prouvent nullement qu'elles sont en rapport avec le sommeil normal.

Les observations pathologiques et les expériences de laboratoire établissent au contraire que le centre du sommeil chez les mammifères n'est pas dans le cerveau antérieur.

En outre, l'ablation des hémisphères cérébraux chez le chien (Goltz), chez la marmotte (Dubois), chez le rat (Schiff), et même chez les oiseaux, chez les pigeons (Brown-Séquard), n'empêche nullement les alternations de sommeil et de réveil.

Les hémisphères n'ont rien à faire dans la production du sommeil et du réveil.

Ils peuvent d'autre part jouir d'une activité très grande pendant le rêve, probablement due à l'ivresse carbonique.

Il faudrait, une fois pour toutes, débarrasser la science de toutes les hypothèses qui placent le centre du sommeil chez les mammifères dans les circonvolutions cérébrales, ainsi que M. R. Dubois l'a proposé au Congrès international des physiologistes de Vienne, en octobre 1910, et c'est le cas de MM. Legendre et Pierron.

10° Dans le sommeil profond des marmottes, on ne trouve pas de toxines somnifères dans la lymphe, le sang, les urines, ni dans les différents organes.

Le sommeil hibernal n'est cependant qu'un état plus profond du sommeil quotidien.

11° Le sommmeil n'est pas l'apanage exclusif des mammifères supérieurs ; c'est un phénomène général, commun aux animaux et aux végétaux, résultant de l'adaptation des organismes à des causes cosmiques, périodiques, journalières ou saisonnières.

Observation générale — Toutes ces théories toxiques, que nous venons de passer en revue, ont contre elles une objection commune :

1° Elles ne permettent pas d'expliquer le réveil brusque.

2° Elles ne permettent pas d'expliquer les nonsimultanéités du réveil et du sommeil chez les monstres doubles pygopages, qui communiquent, très largement, vasculairement.

f) *Autonarcose carbonique de M. R. Dubois.* — Il est une théorie toxique qui ne mérite pas ces reproches et qui s'appuie sur des expériences précises. C'est la théorie de l' « *autonarcose carbonique* » due à mon illustre maître, M. le Professeur Raphaël Dubois.

Parmi les substances continuellement fabriquées par les organes en activité, il en est une, *l'acide carbonique*, qui peut nous expliquer assez facilement le sommeil et le réveil.

Il est hors de doute que l'acide carbonique s'accumule dans le sang pendant le sommeil.

On trouve beaucoup plus d'acide carbonique dans le sang des marmottes endormies que dans le sang des marmottes éveillées.

J'insite sur ce fait d'expérience positive ; et l'acide carbonique en excès qui sort de la pompe à mercure quand on analyse les gaz du sang d'une marmotte endormie, est plus solide comme argument que toutes les arguties.

Dans le sommeil, il y a concentration du sang et déshydratation de certains tissus

Ce point a été nettement mis en lumière par les remarquables expériences de M. le Professeur Raphaël Dubois, chez la marmotte en sommeil.

Il n'y a pas là un simple effet de l'imagination, puisque les résultats annoncés par M. R. Dubois ont été découverts de nouveau, plusieurs années plus tard, par M. le Professeur Raphaël Blanchard.

On pourra peut-être objecter que M. R. Dubois a surtout expérimenté sur des marmottes en état de sommeil hibernal.

Cette objection n'est pas sérieuse ; elle ne pourra être faite que par des gens qui n'ont jamais vu de marmottes en hibernation.

En effet, si on observe attentivement ces animaux, on reconnaît facilement qu'entre notre sommeil ordinaire et celui de la marmotte, il n'y a que des différences de degré : le phénomène est fondamentalement le même.

Or M. Dubois a démontré, et tout le monde peut répéter l'expérience, que, dans les conditions dont il a nettement établi le déterminisme, l'acide carbonique peut endormir la marmotte éveillée, et éveiller la marmotte endormie.

Cette expérience cruciale vient corroborer nettement les nombreuses observations que notre Maître avait faites sur les échanges respiratoires et sur les gaz du sang dans les états de veille, de sommeil, de réveil, et qui lui ont permis de donner une explication simple et claire du mécanisme de ces divers phénomènes, de la relation qui existe entre eux et l'état de fatigue qui précède le sommeil.

Si l'on prend une marmotte profondément endormie, et pour plusieurs jours, et que, sans la remuer, on lui fasse respirer un mélange d'acide carbonique et d'air susceptible d'augmenter la proportion d'acide carbonique déjà contenu dans son sang, on voit bientôt, par excitation des centres nerveux, s'accélérer la respiration, la circulation ; et, au bout de quelques inhalations, si l'on cesse la sursaturation du sang, la marmotte se réveille complètement ; c'est le déclanchement du réveil spontané qui s'est produit.

Le même phénomène du réveil peut être provoqué par toute autre excitation, même extérieure, comme dans notre sommeil ordinaire.

Au contraire, si l'on fait respirer un mélange convenable d'acide carbonique et d'air à une marmotte bien éveillée, elle s'endort et présente bientôt tous les symptômes du sommeil hibernal, après avoir présenté ceux du sommeil quotidien.

Il y a 14 ans, notre collègue et ami, M. Rougier, alors Préparateur à la Faculté des Sciences, nous a affirmé avoir été endormi par ce procédé : il s'est très bien souvenu d'avoir rêvé, et il a été très rapidement réveillé.

Mais l'expérience est plus difficile à réussir sur l'homme parce que le point de saturation qui amène le sommeil est très près de celui qui cause le réveil.

Enfin, un chien peut être endormi avec le propre acide carbonique de sa respiration.

D'autre part, il ne faut pas perdre de vue que l'analyse montre que le sang de la marmotte contient, pendant le sommeil, même au début, un excès d'acide carbonique.

La théorie de l'*autonarcose carbonique* permet donc d'expliquer le sommeil et le réveil par le même agent, les deux états étant une question du taux de l'acide carbonique.

Elle permet d'expliquer les réveils brusques, l'acide carbonique pouvant s'éliminer rapidement en tant que gaz. Remarquez que les gens que l'on réveille brusquement ont, au début, quelques expirations plus longues que les expirations normales.

La théorie de l'*autonarcose carbonique* de M. le Professeur Dubois a le mérite, non seulement d'expliquer *tous* les faits connus chez l'homme, même le rêve qui n'est qu'une ivresse carbonique comparable à toutes les ivresses toxiques, mais encore de s'appliquer à tous les organismes, soit animaux, soit végétaux, qu'ils soient petits ou grands, inférieurs ou supérieurs.

Le végétal, en effet, s'endort la nuit parce que son acide carbonique, qui n'est plus détruit par la lumière, s'accumule en lui, et parce que aussi les phénomènes respiratoires s'exagèrent dès que finit le jour : c'est à ce moment-là également que commence la concentration des sucs par l'accroissement de la transpiration.

La preuve expérimentale que l'acide cabonique est bien le véritable agent du sommeil est facile à faire : il suffit de placer une sensitive ou une plante analogue, dans l'acide carbonique, pour qu'elle s'endorme, de même qu'elle est anesthésiée dans une atmosphère renfermant des vapeurs de chloroforme et d'éther, ainsi que l'a démontré Leclerc de Tours.

Ce jour nouveau, jeté sur le rôle de l'acide carbonique, n'est pas, à notre avis, le moindre titre de M. le Professeur Dubois, car jusqu'ici on n'avait considéré l'acide carbonique que comme un simple déchet, alors qu'il joue un rôle capital dans le fonctionnement vital.

Enfin l'acide carbonique, comme les anesthésiques, est déshydratant. On peut donc expliquer par son action les rétractions des dendrines des cellules nerveuses observées par les histologistes.

Qu'y a-t-il de plus précis qu'une théorie basée sur l'observation et l'expérimentation, qui rend compte de tous les faits connus, relatifs au sommeil, chez les animaux vertébrés et invertébrés, ainsi que chez les végétaux ?

Car dans tous les cas le sommeil est explicable par la théorie de l'*autonarcose carbonique*, la seule qui permette d'expliquer les relations et la succession de la veille, du travail, de la fatigue, de l'hypothermie précédant et accompagnant le sommeil, et le réveil spontané ou provoqué, par un seul et même agent ponogène, isolable, chimiquement défini, fabriqué par les organismes : *l'acide carbonique*, grand auto-régulateur général et frein automatique admirable du mécanisme vital.

Dans sa simplicité cette théorie est géniale.

BIBLIOTHÈQUE NATIONALE R.F. IMPRIMÉS

TABLE DES MATIÈRES

BIBLIOTHÈQUE NATIONALE IMPRIMÉS

MACON, PROTAT FRÈRES, IMPRIMEURS.

www.ingramcontent.com/pod-product-compliance
Ingram Content Group UK Ltd.
Pitfield, Milton Keynes, MK11 3LW, UK
UKHW020512230726
13925UKWH00005B/2142